U0201216

欧式典藏系列

EUROPEAN CLASSIC 欧式酒店

European Hotel

解　读　经　典　　品　味　欧　式

中国林业出版社
China Forestry Publishing House

Contents 目录

吉林世贸万锦酒店

Jilin World Trade Markham Hotel

设计师：孙洪涛

项目地点：吉林省吉林市

项目面积：50000 平方米

本案位于吉林市世贸广场，紧邻松花江岸，是当地的一座新的地标性建筑。

酒店定位是超五星级豪华商务酒店。酒店内部设计以中西新古典文化融合，传统与现代的融合为本设计的核心。“融合”是思想的碰撞，新潮元素与传统元素的融合，东方与西方的文化的融合，通常这种手法都会强调两种特质的冲突与对比，具体现在材料的精心选用，适度空间的比例，以及灯光氛围的营造。在本案设计中，混搭却尤其微妙，体现在酒店的每个细节中，以及各个空间中。表达了“融合”是“跨界”的，文化是“大同”的。

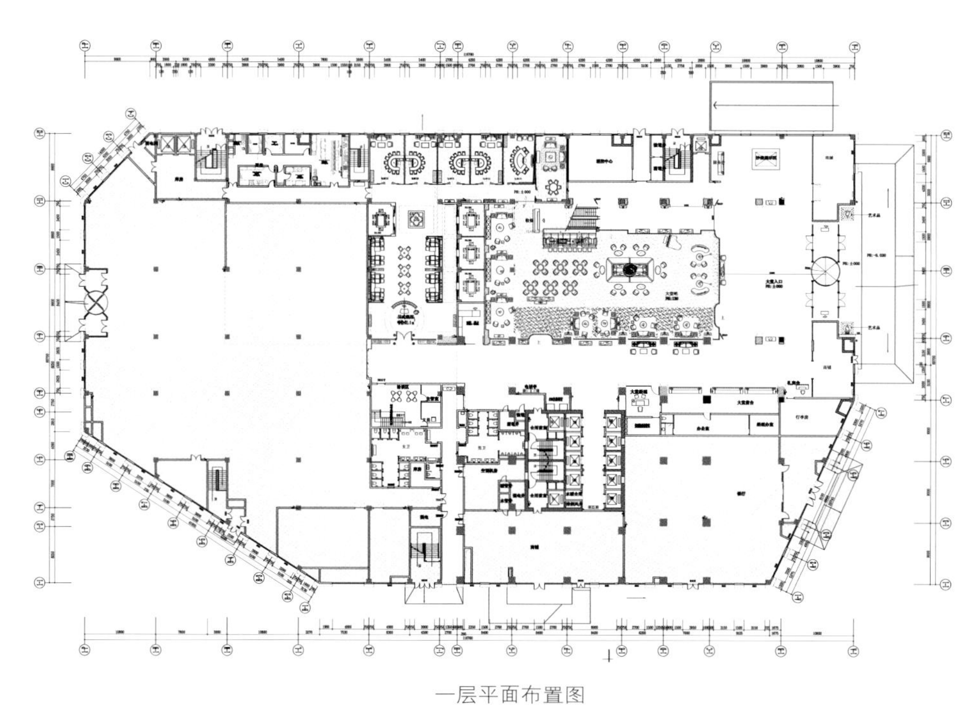

一层平面布置图

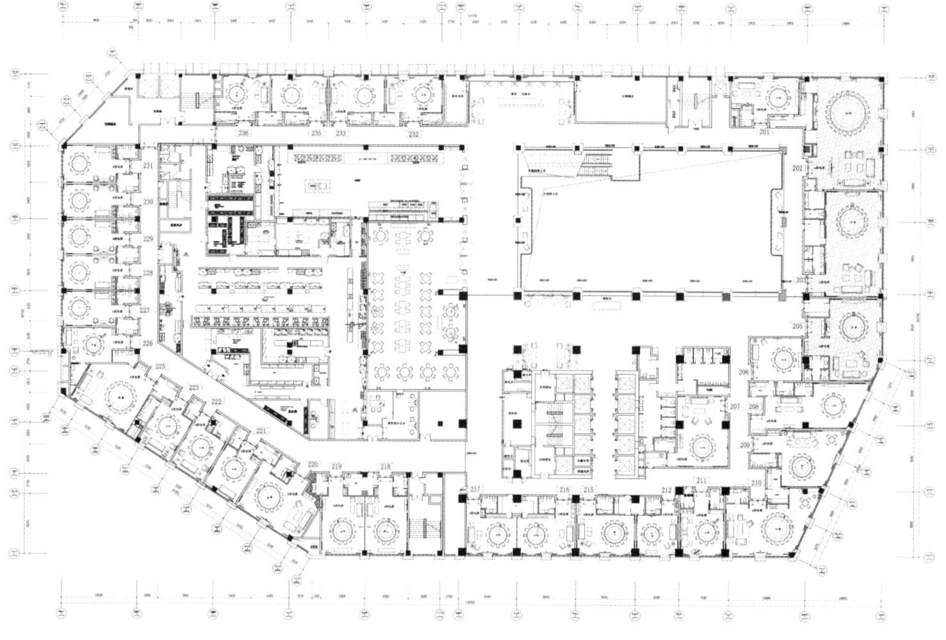

二层平面布置图

潍坊万达铂尔曼酒店

Pullman Weifang Wanda

设计单位：深圳姜峰室内设计有限公司　设计师：姜峰

项目地点：山东省潍坊市

项目面积：50000 平方米

潍坊万达铂尔曼酒店坐落于潍坊市中心，将当地悠久而精彩的风筝文化融入酒店的魅力氛围。从酒店步行即可抵达周边多家百货公司、写字楼以及 IMAX 影院，令访客感受到潍坊的城市脉动。酒店交通便利，距离潍坊南苑机场约 20 分钟车程，驱车前往火车站仅需 15 分钟。

J ＆ A 为了让本案的宾客产生与当地文化紧密相连的亲切感，为了让潍坊铂尔曼酒店实现这一愿景，精心打造出一个拥有独特个性的酒店。让地域文化与铂尔曼精神兼收并蓄，水乳交融，遍布酒店的每一个空间。该酒店以风筝为设计主线 并以当地建筑画和市花等为副线作为点睛。设计中萃取风筝的主要特点，抽象解构成的点、线、面的形式，融合现代的设计表现手法和材质，风筝、建筑画、市花等与空间有着完美的结合，空间中元素各具特点，又恰到好处的相互映衬。整体设计将酒店文化提升到一个新的高度。

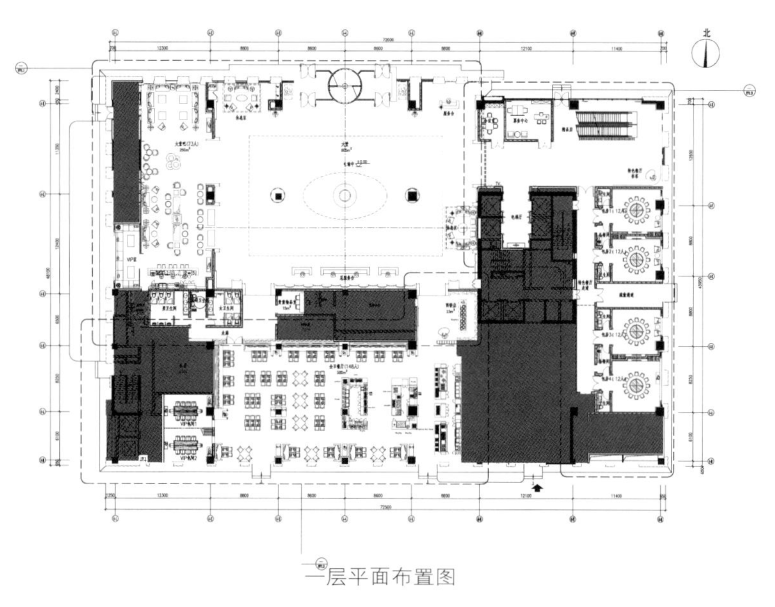
一层平面布置图

大堂酒廊面积达 250 平方米，风格现代，是进行商务会议活动或小酌一杯的好去处。品珍中餐厅提供地道的潍坊菜肴和鲁菜。在鸢园特色餐厅客人能品尝到来自中国华南地区的正宗粤菜和客家菜。美食汇全日制餐厅提供汇聚各国佳肴的自助餐。行政酒廊位于酒店 20 层，在这里客人可以欣赏城市优美的天际线。行政酒廊还拥有配备高科技设备的会议室，并全天候提供多种小食和饮料。客人也可以在酒店健身中心放松身心，设施包括健身房、桑拿室和温水游泳池等。

艺术源于生活而高于生活，潍坊铂尔曼酒店坐落于山东省潍坊市，“草长莺飞二月天，拂堤杨柳醉春烟。儿童散学归来早，忙趁东风放纸鸳”正是这种艺术的生活方式之一 ，潍坊又称潍都，鸢都，制作风筝历史悠久，工艺精湛，潍坊独特的季风气候，孕育了独特的风筝文化，成就了“风筝之都”在国际上的地位。潍坊风筝是山东潍坊传统手工艺珍品，民间传统节日文化习俗，风筝产生于人们的娱乐活动，寄托着人们的理想和愿望，与人们生活有着密切的联系，而这些代表城市文化历史的素材正成了 J&A 设计的灵感之一。

宴会厅 3
BALL ROOM

上海浦东文华东方酒店

Mandarin Oriental Hotel Pudong, Shanghai

设计单位：深圳姜峰室内设计有限公司　设计师：姜峰

项目地点：上海浦东新区

项目面积：66000 平方米

文华东方酒店作为全球最顶级的豪华酒店品牌之一，其品质与服务多次在世界酒店排名中名列第一，旗下拥有的顶级豪华酒店及度假村遍布世界各知名旅游圣地。上海文华东方是文华东方酒店集团入驻国内市场的第一家商务酒店。这也是文华东方集团第一次与国内室内设计团队合作。精巧的设计体现了完美的东方传承。

设计师将项目的室内表现从色彩、风格以及设计手法上与其他酒店区别开来，经过前期分析和定位，将灵感来源做了仔细的筛造和提炼：黄浦江粼粼的波光、上海前卫的城市建筑、古旧里弄的玻璃窗格和梧桐树下的墨韵书香等等，以此转化成具体的设计元素贯穿于整个酒店的设计中。

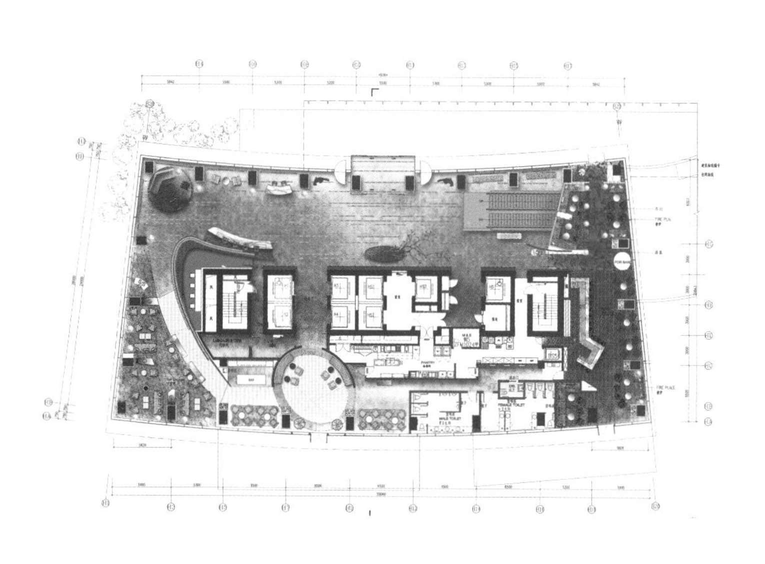

一层平面布置图

津卫大酒店

Jin Wei Hotel

设计单位：黑龙江国光设计研究院　　设计师：王建伟

项目名称：天津津卫大酒店

项目地点：天津河西区

项目面积：42000 平方米

本案是一个功能完备是集商务、旅游、接待为一体的综合性宾馆。

设计师沿着“自然”与“人文”两条主脉络进行深入延展，将海河文化与独特的地域文化相结合。

设计作品空间通透感强烈，充分运用了自然光。在设计选材上，运用现代的材质及工艺，实现了稳重华贵的空间感受。

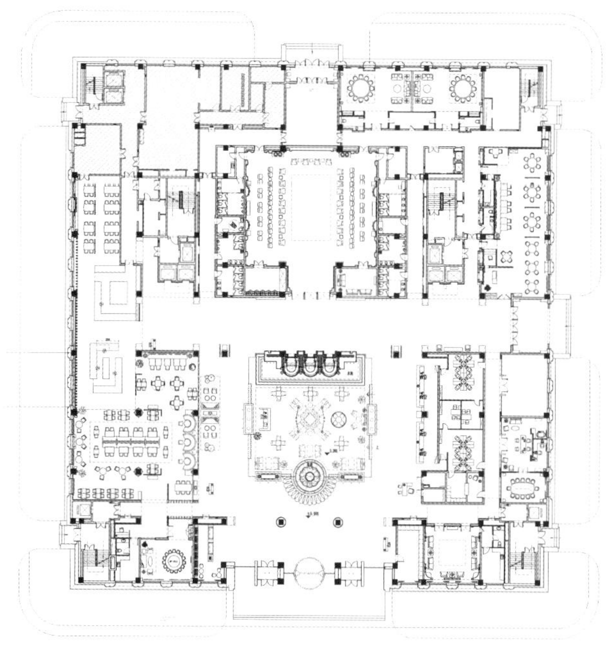

一层平面布置图

东恒盛国际大酒店

East Hengsheng Kokusai Hotel

设计单位：深圳市全程艺术设计顾问有限公司　　设计师：黄春

项目地点：江苏南通市

项目面积：80000 平方米

本案是东恒盛集团打造海门高端精英城市综合体项目之一，在海门经济迅速发展的需求中有开设海门首家五星级豪华商务酒店的需要，且力求把酒店打造成海门市的标志性建筑。

“行云意，流水情”，打造一个洒脱、自然的空间特色作为设计的主导思想。现代又带一点东方韵味的酒店装修风格，轻松而又有文化底蕴。

平面布局上在满足空间实用性的同时，对平面布局也采用了设计的黄金比例方式进行规划，让空间不仅在立面造型上展示美学比例，在空间平面布局中也显现出设计的魅力。

材质与光的结合是本设计选材上的一大亮点，把二维形式元素三维化也是选材上的一大创新。

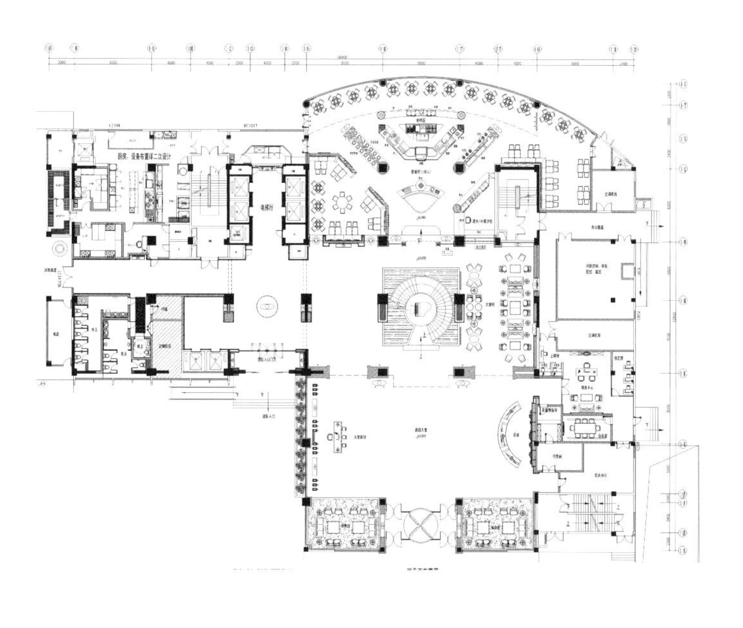

一层平面布置图

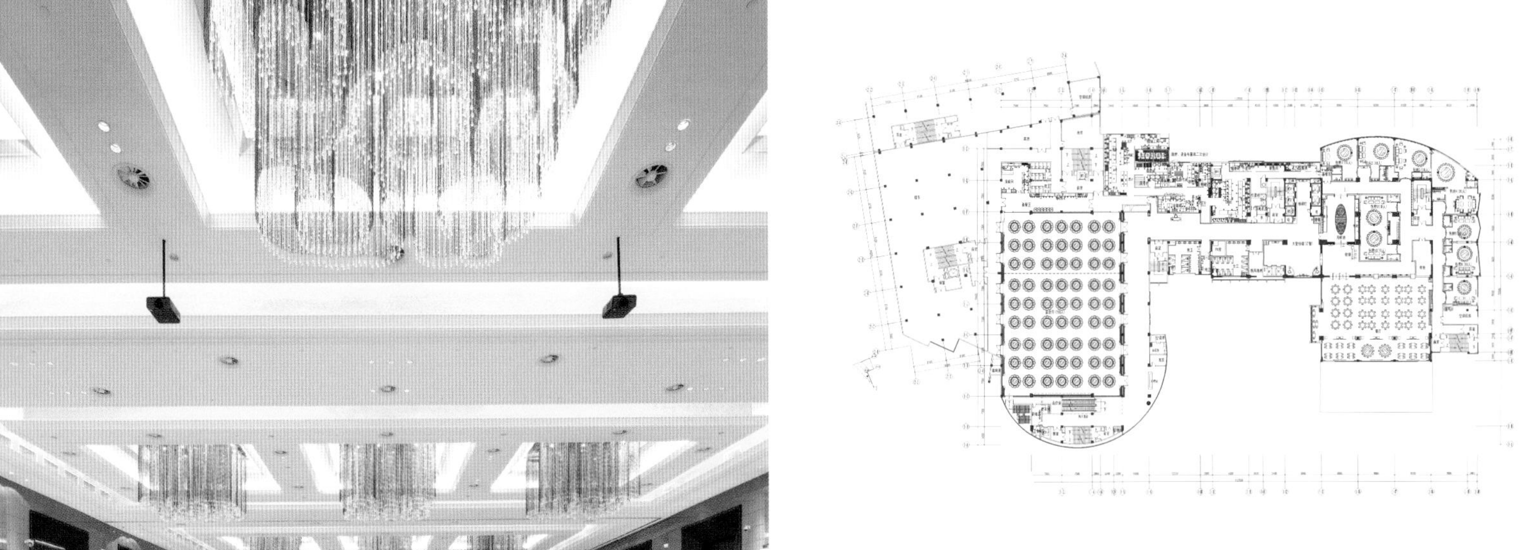

三层平面布置图

汉源金鑫大酒店

Hanyuan Jinxin Hotel

设计师：黄任颀

项目名称：雅安汉源金鑫大酒店

项目地点：四川雅安市

项目面积：15000 平方米

本案位于四川雅安市汉源县，地理位置具有特殊性，因此在前期策划市场定位的时候，我们首先考虑的当地的整体消费水平，调研了相关同类酒店经营情况，最后结合业主的经营要求，制定了打造精品商务型标准 4 星饭店的目标。

本案在整体风格上采用的是简欧风格，局部引入了部分 ARTDECO 的设计概念，既保证酒店稳重大气的整体氛围，同时通过细节也能够彰显酒店的精致奢华。

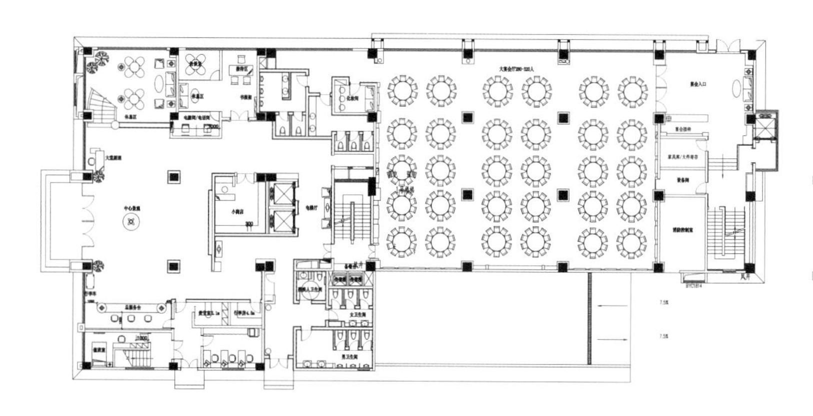

一层平面布置图

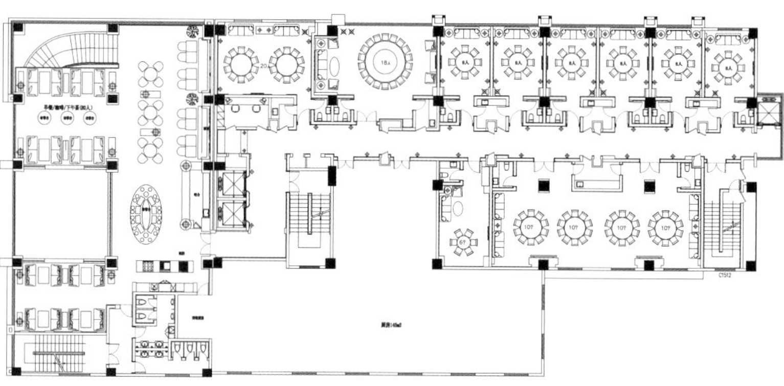

二层平面布置图

行菩薩道
道法自然

千岛湖滨江希尔顿度假酒店

Hilton resort of Qiandao Lake in Binjiang

设计单位：IVAN C. DESIGN L.T.D　设计师：郑仕樑

项目地点：浙江杭州市

项目面积：6000 平方米

杭州千岛湖滨江希尔顿度假酒店位于“天下第一秀水”美誉的千岛湖湖畔，依山面湖，是千岛湖拥有最长湖岸线的国际酒店。

酒店由七座楼宇相连而成，错落有致，拥有 349 间客房及套房，通过私人阳台远眺烟波浩渺，近看碧水环绕。

杭州千岛湖滨江希尔顿度假酒店犹如一篇华美诗篇，以“水”起意，设计中不时蕴含“水”的概念，各区域或浓或淡的水纹图样，时而微波荡漾，时而涟漪浮动，时而波澜起伏，柔和、随性，不时融入其中。酒店设计区域包括酒店大堂 / 大堂吧，全日餐厅，泛亚餐厅，中餐厅，总统套房，会议中心，宴会厅及前厅，健身中心，康乐中心，游泳池，客房区等。

用材考究、多样，精选东南亚名贵石材，天然木料，真皮，高级丝绒布匹，环保乳胶漆等，将光面玻璃与雕花玻璃同台竞放，晶莹玉石点缀时空，带来多样化的格局冲击希尔顿全球在中国大陆管理的第 18 家酒店。

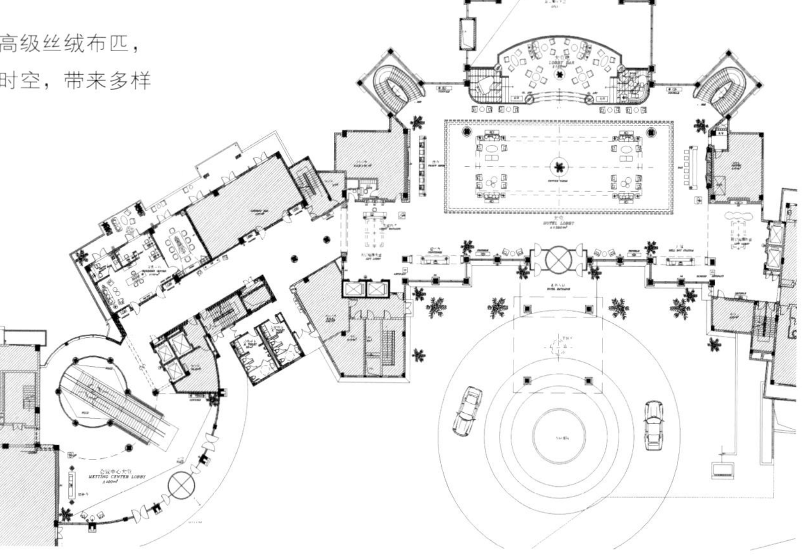

一层平面布置图

浙江大酒店

Zhejiang Grand Hotel

设计单位：江苏省海岳酒店设计顾问有限公司　设计师：姜湘岳

项目地点：浙江杭州市

项目面积：15500 平方米

一层接待大厅的设计想法引入了官窑和戏曲，区别与表面奢华的表现式酒店，此次设计希望传递出一种戏剧式的体验式精品酒店的概念。

行至 25 层酒店大堂，幕布才真正豁然开朗，官窑和戏剧继续上演，墙面上整组的梅花呼应着一层的接待大厅，久久地，客人仿佛身临于国画中一般，加之外面风光无限的西湖美景，梦境与现实都不胜美好。

原始空间有两颗体积庞大的柱子，阻挡了视线，然而通过对柱面的处理，这两根柱子俨然成为一个中国戏曲文化展示的舞台。

大堂吧以龙井茶歌为名，如绿茶般清新的灯具呼应吧名，加之绿色的地毯，围绕西湖龙井设计出的木饰、布料、靠垫、躺椅、凳子等，让人仿佛走进阳光照射的自然茶园。

主卧室所有的功能区都面对窗户，不放过任何一处自然风光，房间里着色纯净，很深的木和白色的石相组合，令客人一下子放松下来。

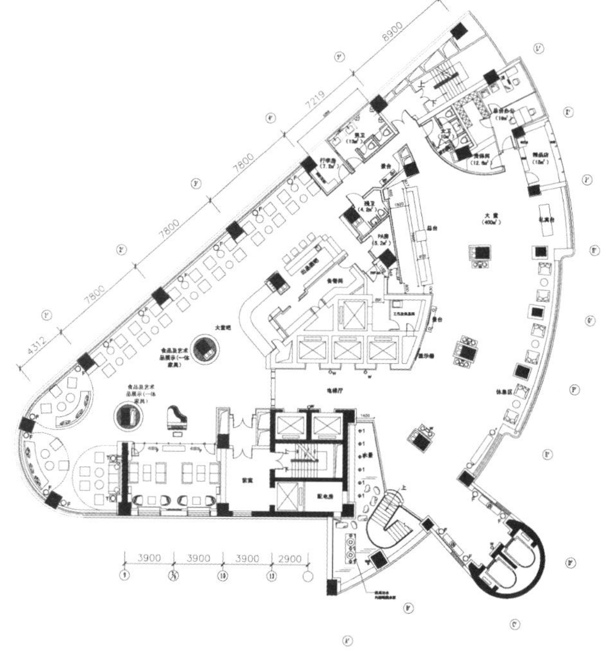

二十五层平面布置图

御豪汤山温泉国际酒店

Yuhao Tangshan Hot Spring International Hotel

设计单位：金螳螂建筑装饰股份有限公司第七设计研究院　　设计师：孙彦清

项目地点：江苏南京市

项目面积：21000 平方米

御豪汤山温泉国际酒店是度假，会议型酒店与周边酒店错位经营，民国风格加中式风格，与现代的设计手法相结合进一步创新。

有合理的布局来满足五星级评定标注，有才经济指标优越投资评估，酒店开业后酒店开始盈利，远远超出先期半年到一年亏本经营的财务计划，促使集团对酒店投资做出从新规划。

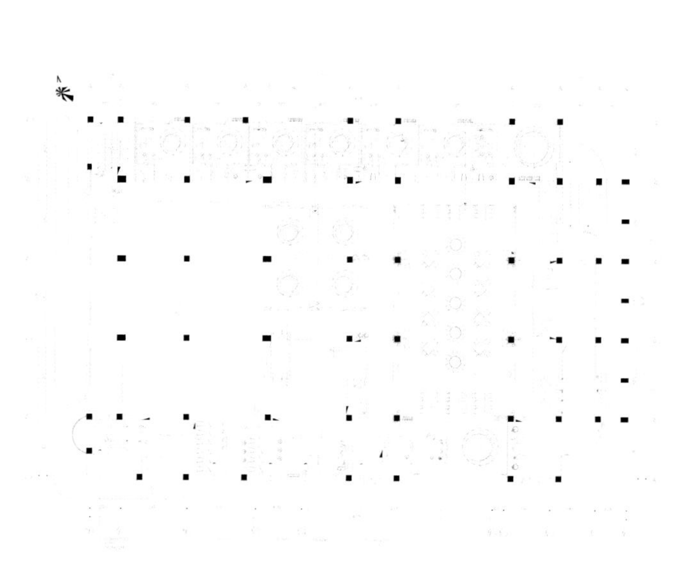

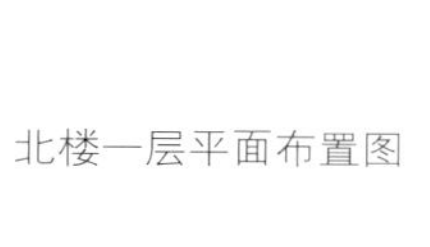

北楼一层平面布置图

华美达宜昌大酒店

Ramada Le Grand Large Hotel Yichang

设计单位：武汉市 IEA 设计顾问有限公司　　设计师：王治

项目地点：湖北宜昌市

项目面积：2800 平方米

主要材料：石材、地毯、墙纸、布艺

项目调性定位在隆重与奢华，充分考虑客人的私密需求与尊荣体验。

通过充满中式哲学意味的空间划分与融贯中西的装饰语言处理来传递丰富的文化感受，同时不失轻松的氛围。

酒店的内部空间不大，很多空间无法满足高星级酒店的标准和要求，建筑空间的局限为室内设计师完成一个满足国际标准和豪华程度的产品增加难度 因此在室内设计的氛围是我们确定核心竞争的关键 设计师将营造温馨的感受和精致华丽的空间作为设计的突破点。

美达宜昌大酒店
RAMADA
REST MOTEL
中国房

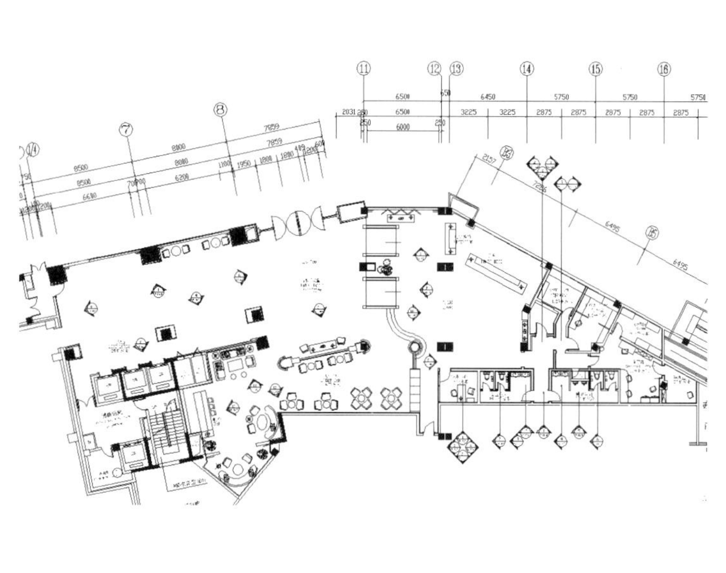

一层平面布置图

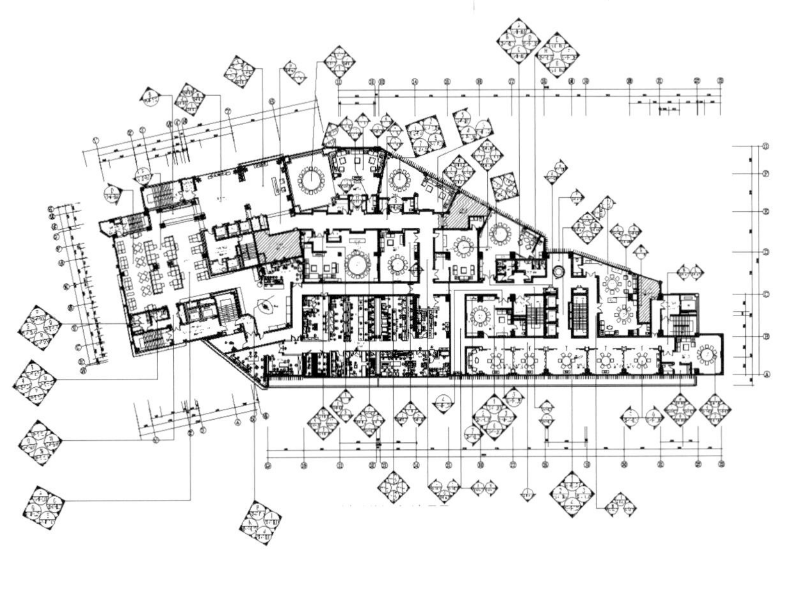

四层平面布置图

湖滨四季春酒店

Four Seasons Hotel Lakeside

设计师：冯嘉云、范日桥、孙黎明、郭旭峰

项目地点：无锡滨湖区

项目面积：9000 平方米

本项目所在区位临湖近路，自然环境优越，交通便利。庄重大气的简欧建筑风范、作为主题精品酒店的超大体量，都为本空间设计定位提供了不能忽视的依据——体量感、饱满与丰富、“四季”感的鲜明。

设计执行上，通过视觉张力明显的色彩体系、国际化手法演绎的江南四季印象、丰富多元的陈设系统表情，塑造出了热情而不失高贵、亦中亦西的个细化酒店场所气质。

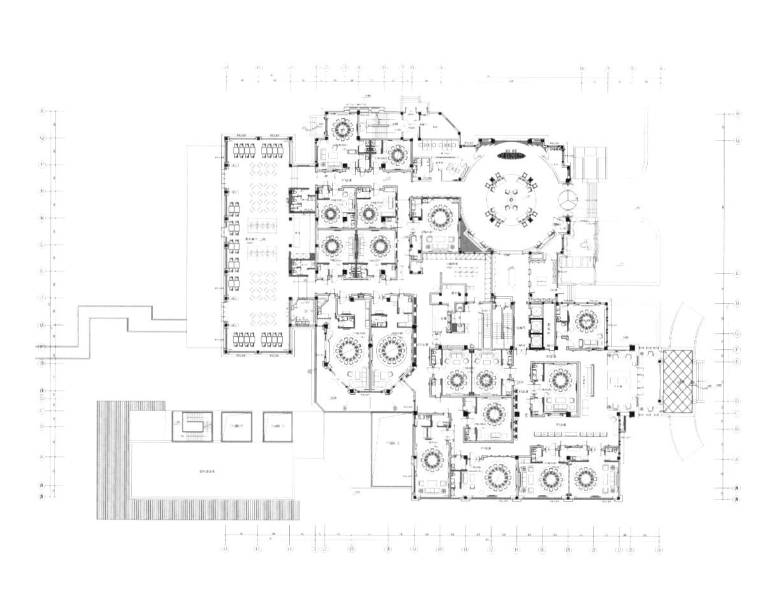

一层平面布置图

3 2 1

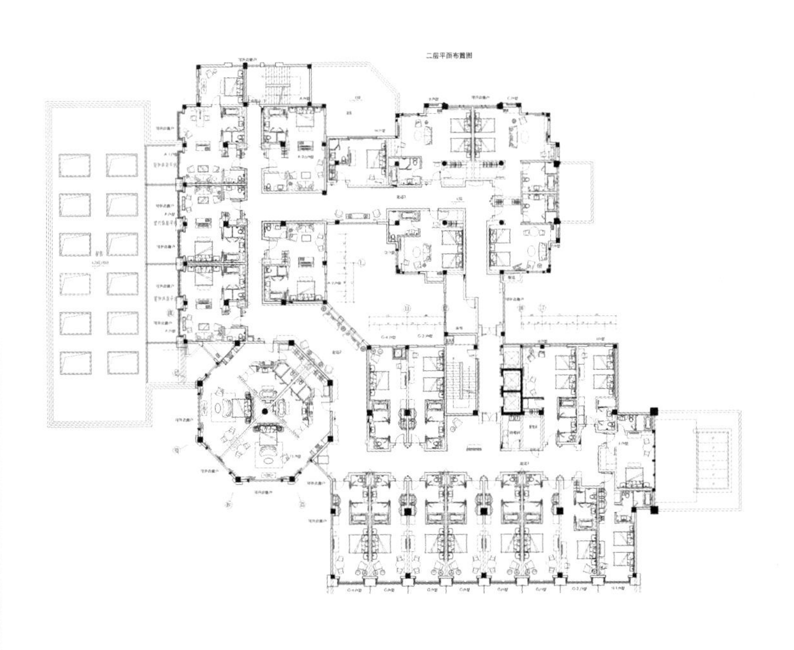

二层平面布置图

H-LuxuryHotel

H-LuxuryHotel

设计师：杨焕生

项目地点：台湾彰化县

项目面积：5000 平方米

旧建筑改建景观餐厅，拆除原建筑立面仅保留原结构系统，并保留原本基地环境优越，在外观选材上以钢构 + 铁件烤漆为主要建材为建筑立面。搭配运用序列式方管格栅，依基地边缘排列形成一斜口矩形样式，搭配石材等元素，重新将旧建筑活化，让原本铁皮建筑从新诠释何谓“Green style 用餐空间”。

室内空间以黑色为主调搭配线性天然木纹饰板及装饰墙，并借景室外绿意将户外开放空间由烤漆铁件及半透明玻璃界面将绿意引进室内。大量的镜面玻璃反射了户外的自然绿意，形成依通透感极佳的室内空间。

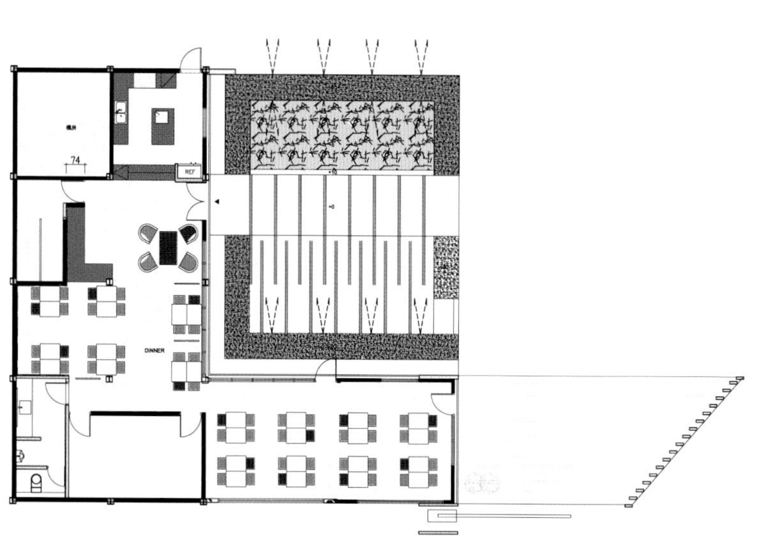

中餐厅平面布置图

GatoNegro
SAN PEDRO
GatoNegro
SAN PEDRO

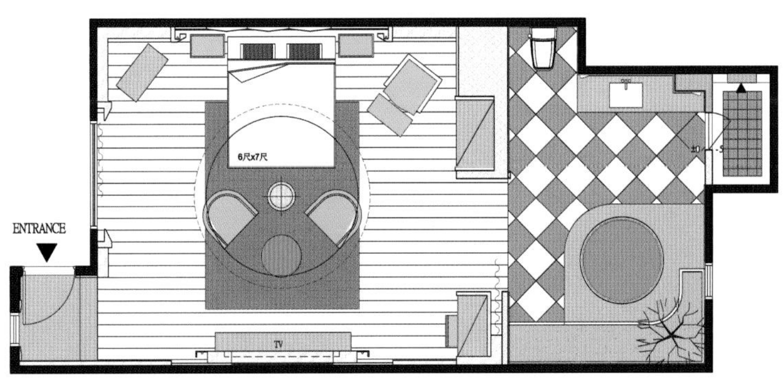

标准层平面布置图

伏尔加庄园

Volga Manor

设计单位：黑龙江国光建筑装饰设计研究院有限公司　　设计师：王建伟

项目地点：哈尔滨市

项目面积：20000 平方米

主要材料：马可波罗

伏尔加庄园展现的是一幅画卷，是一幅充满远东西伯利亚情怀的俄式油画画卷，让生活在今天繁华都市的人们领略到了异域风情，更以独特的方式向世人展示哈尔滨独有的文化历史和国际化氛围。

室内设计方案传承了俄罗斯传统建筑元素符号及民族文化，并结合功能特性及外立面的形式来体现出明确的主题风格。

伏尔加庄园位于哈尔滨市东郊阿什河河畔，占地约 60 万平方米，是大型综合性度假接待性场所，整个园区依山傍水、风光秀丽、景色宜人。其内部建筑包括教堂、接待中心、会议中心、贵宾楼、江畔餐厅、俱乐部、陈列馆、别墅、大小巴尼等多栋俄式风格建筑，周围亭台水榭、雕塑小品与其相映成趣。

设计手法繁简得当，材质运用以原木、毛石、仿古砖为主，粗犷自然，力求营造出充满俄式田园风情的空间氛围。

蜿蜒曲折的阿什河流过庄园，水连水，桥连桥，一派优美的田园风光；经典的俄式建筑群，带来的是“庄园画里听钟声，推窗忆情俄罗斯”的意境。

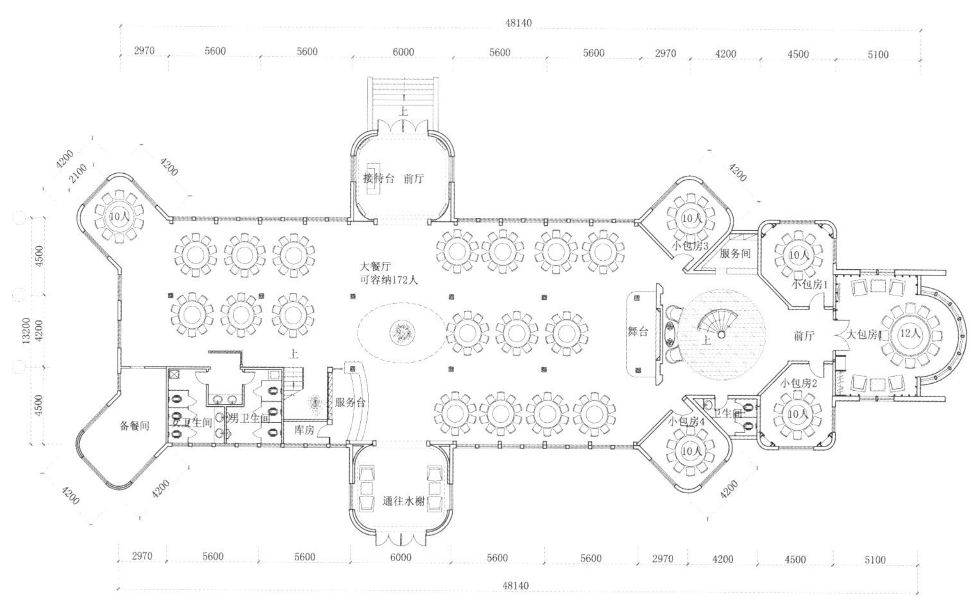

一层平面布置图

东湖会议中心

East Lake Conference Center

设计单位：南京测建装饰设计顾问有限公司 [illegible]师：刘延斌

项目地点：武汉市

项目面积：68000 平方米

主要材料：科勒洁具、海马地毯

本项目由会议中心、客房中心、宴会中心三组建设组合而成，各种不同面积的会议空间及可容纳 1500 人的宴会厅，极大的提升了湖北武汉的大型会议接待品质，湖北武汉是荆楚文化的发祥地，对于如此灿烂的文明，我们充满了敬佩。

建筑形态的多变给室内空间带来了活力和与众不同。业主希望拥有一个现代的会议型酒店，设计师在此基础上还通过现代的手法融合了青铜纹样、凤鸟、竹筒这些传统元素，以体现地域文化。

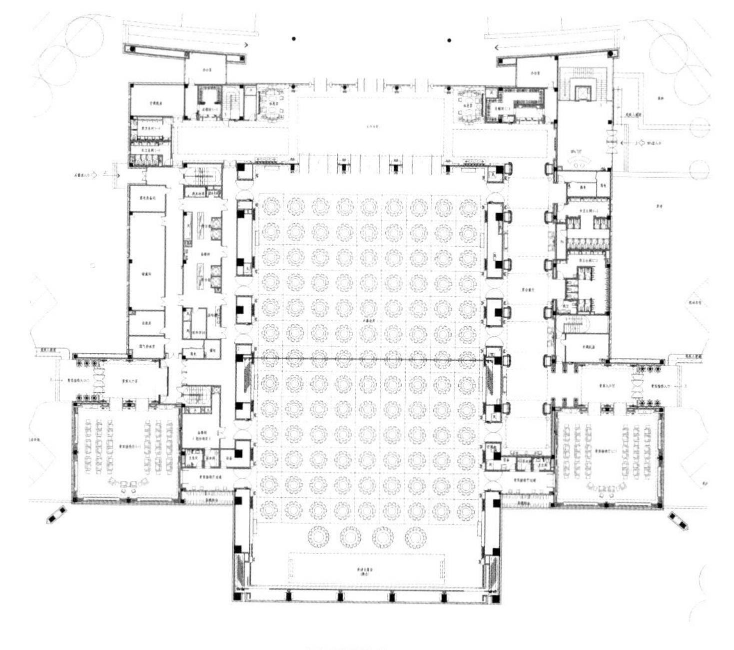

一层平面布置图

宴会中心其独特华丽的装饰，宽敞气派的空间，完善的功能，合理的流线，获得了极高的评价。

水晶玻璃，不锈钢工艺，浮雕大理石。

该项目建成后。已接待了上至国家。下至地方的各类会议，获得了广泛的赞誉。

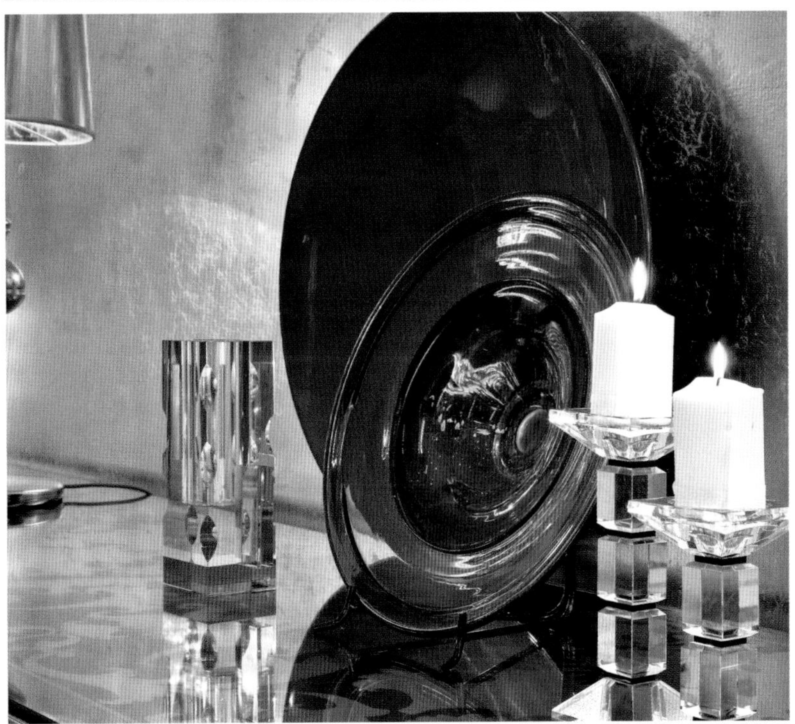

鸿禧高尔夫酒店

Hongxi Residence Golf

设计单位：重庆年代营创设计有限公司　　设计师：赖旭东

项目名称：北京鸿禧高尔夫酒店

项目地点：北京市东四环义庄

项目面积：16000 平方米

通过与业主方反复沟通整个酒店设计风格定为Ardeco奢华风格以配合该球会的高端定位。

总结该风格的精典元素如放射状，阶梯状，竖向排列等造型语言，和亲和度包容度强的米黄色调来突出强调该酒店的独特空间。

因该酒店是个会所性质酒店，在用餐，婚宴，娱乐健身洗浴这几部分做了大量投入，而相对弱化住宿空间。

主要在用材上局部采用了半亚光的白砂米黄石材，在配合大量造型上使用同色的亚光米黄漆，同样黑色石材和黑色高光漆的运用，提升的档次同时又降低了工程造价，使整个酒店性价比大大提高。

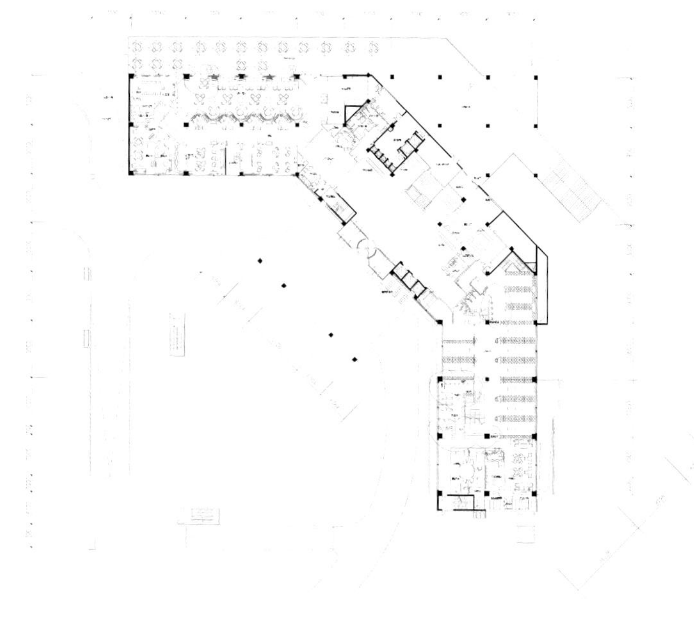

一层平面布置图

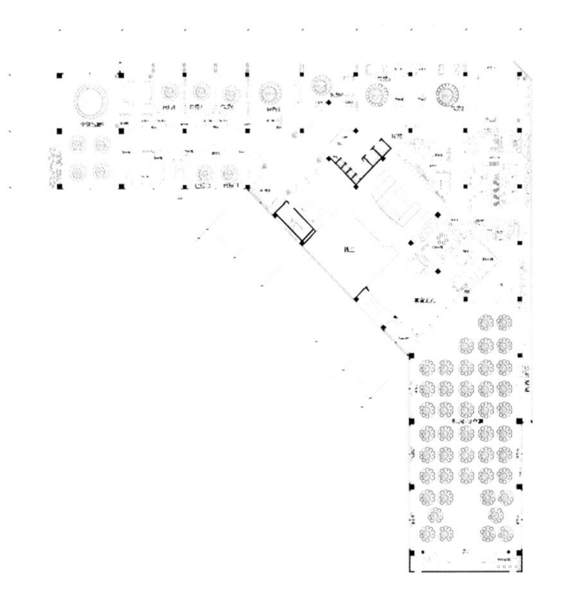

二层平面布置图

黎明戴斯大酒店

Liming Daisi Hotel

设计单位：福建省福州市佐泽装饰工程有限公司　设计师：郭宇宏

项目名称：福州黎明戴斯大酒店

项目地点：福建省福州市

项目面积：7000 平方米

主要材料：TOTO 卫浴、海马地毯、德国玛堡壁纸

福州黎明戴斯大酒店坐落在美丽的加洋湖畔，毗邻乌山风景区。黎明大酒店是融浓郁的人文特色和鲜明的时代特征于一身，集餐饮、住宿、会议、康体娱乐等综合配套设施于一体的精品酒店。

设计师从现代文化中挖掘其穿透时空、意远态浓的精神内涵，将中式元素精心提炼，再和现代时尚元素相结合，从而创造一种大气奢华但又留有一份悠然自得的意蕴，设计格外注重细节以及品质感的塑造，点、线、面进行严谨的对比呼应，疏密关系，黄金划分等。

整个酒店设计遵循建筑空间结构，因势利导，合理塑造有机的空间；即要对现代文化的提炼，从中寻求多元化，又要大胆的创新周边文化，形成多重视觉效果的设计风格，打造特色现代艺术精品的风格，同时要满足星级酒店的标准和硬件要求。

酒店以黑色、白色、灰色、米色、咖啡色为基调，节制而内敛。酒店运用了直纹白、黑银龙等大理石，黑檀木、皮革及不锈钢材质的巧妙搭配，使得整个酒店具有一种独特的现代韵味，妙趣横生。

NESCAFÉ
黎明海鲜汇

瑞吉萨迪亚特岛度假酒店

The St. Regis Saadiyat Island Resort, Abu Dhabi

瑞吉萨迪亚特岛度假酒店是一个综合性主题为的目的地海滩度假胜，结合五星级酒店住宿，艺术中心，健康与球拍俱乐部，零售中心和豪华公寓和别墅。对于酒店来说，我们采取的灵感来自周围的环境，创造了当代地中海室内设计与阿拉伯风格的影响。风格是由有趣的使用本地产品和要素进一步增强。整体托盘具有岛上一个强大的连接，非常明亮，通风与一些自然和朴实的材料，颜色和形状，包括沙滩玫瑰和大海波涛汹涌，海浪。一块石头落地，让人想起砂，被用于整个从当地采石场选定的财产和手。

打火机树林带广积粮和自然的效果也选择创建流经食品和饮料店，饭店及公共场所出温馨的氛围。天花板是一个千载难逢的，凹陷的穹顶，典型的意大利建筑。在盛大吊灯的定制设计的水晶同心圆优雅级联成让人想起了微妙的弯曲贝壳的一种形式。是天然海水的形状和颜色也发现了地毯的图案和艺术位于高大的大堂墙壁上。酒店大堂的整个后墙由无框的玻璃，俯瞰大海，提供不同于其他任何在阿布扎比惊人通畅的意见。

客房

地中海影响的建筑和周围的自然环境，酒店的生活空间范围从亲密到盛大，从 55 平方米的高级客房和 85 平方米的套房，一个雄伟的 2000 平方米的皇家套房。高凹进的天花板与自然托盘使房间感觉大而膨胀。由于自然因素占主导地位，每个房间是一个有点不同。铭记放松，度假氛围，石头是磨练，而不是打磨，光洁度是质朴的，而不是高度抛光漆室。每间客房都称赞有略拱阳台，营造出极具现代感的地中海风情。

温泉

铱星温泉的宁静的氛围再加上国际知名的治疗使之成为一个总的思想，身体和精神复兴经验的理想场所。天然材料打造的淡金色，奶油和板岩，大理石的深色调托盘。圆顶的凹槽完成了一个银叶，回顾黄金叶圆顶的度假胜地，而发光的天空状表面轻轻有助于阐明温泉的自然色调。SPA 融合了现代技术的传统疗法，该疗法针对客人可以在任何治疗 12 套房。为了更亲密和独特的经验，客人可以选择接收治疗的三个主题水疗套房，带私人露台和游泳池。

餐饮

爱尔兰著名厨师康拉德·加拉格尔创造度假村的食品和饮料的概念，我们促成了他的概念转化为现实与几个鲜明，富于幻想为主题的空间。客人可以享受一些餐饮场所与酒店的萨迪亚特岛，包括地中海的影响奥莱亚，纽约风格的牛排，东南亚 Sontaya 和海滩餐厅 Turquoiz 独特的设置。

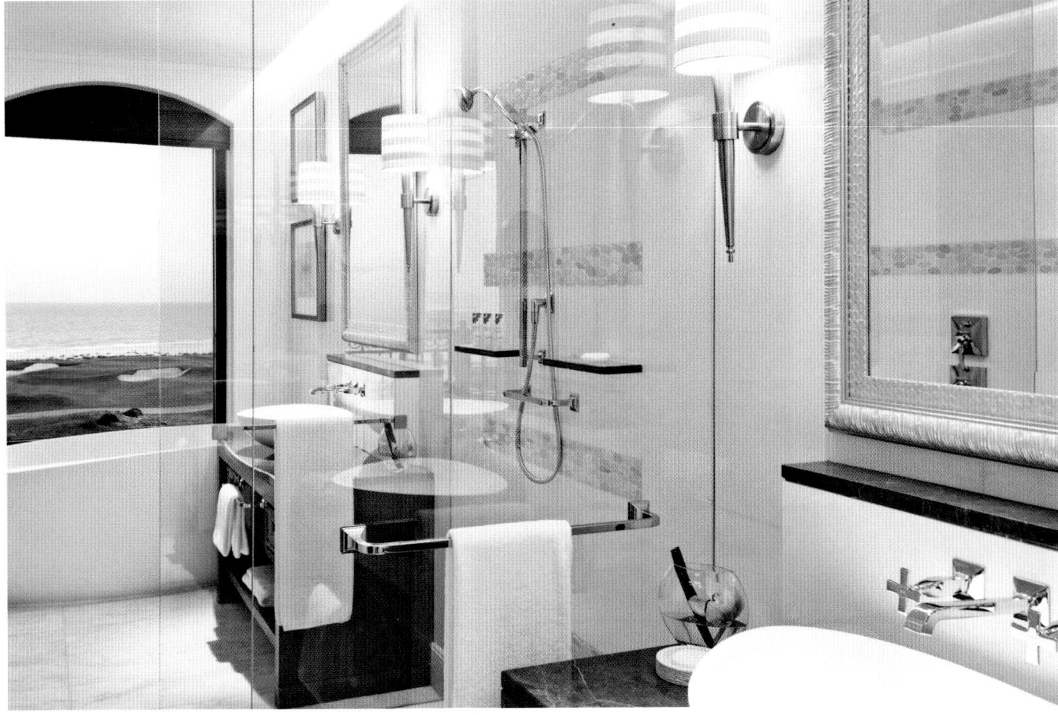

宁波威斯汀酒店

Ningbo Westin Hotel

项目提供：HBA 酒店顾问有限公司

项目地点：宁波

项目面积：12000 平方米

主要材料：浅米色云石、木饰面

宁波威斯汀酒店是由一幢多座塔楼组成的瞩目玻璃建筑，位处市中心，是喜达屋集团在浙江省开设的首家威斯汀品牌酒店。HBA 获委托打造符合威斯汀品牌国际客户群及商务旅客所期望的环境，同时还能在设计中反映出宁波市的深厚历史与文化。

酒店室内空间恬静舒适，采用简洁的当代几何元素，为酒店缔造出宁谧的感觉。步入酒店后，宾客即可看见缀以华丽木饰面的浅米色云石。公共空间、卧室及水疗中心则选用带点中性的暖色调作装潢，而明亮却柔和的灯光亦有助营造轻松感。HBA 在此为别具品味的环球旅客打造出一片宁静怡人的绿洲。

所有客房皆经过精心打造，客房均揉合简洁流畅的当代设计，以及豪华舒适的家具及布艺装饰。

HBA 为酒店的威斯汀天梦水疗中心（Heavenly Spa）设计出奢华空间， HBA 从宁波作为海上丝绸之路港口的历史中获得灵感，以华丽布艺及木料布置护理区。活动空间则包括优美的 25 米室内无边际泳池。

HBA 以打造可因应不同而场合灵活运用的空间为首要目标。可调整大小的豪华宴会厅可谓设计工程的一项壮举，将可活动操作的墙面巧妙地隐藏在大型通花墙板后面，实用性与美感兼备。

西班牙塞维利亚阿方索十三世酒店

Spain Seville Alfonso thirteen Hotel

设计单位：HBA 伦敦工作室

项目地点：西班牙塞维利亚

项目面积：6000 平方米

HBA 伦敦工作室的 The Gallery 打造专业的焦点室内设计项目，为西班牙南部古都塞维利亚珍贵的地标建筑阿方索十三世酒店（Hotel Alfonso XIII）进行重新装修，巩固其作为欧洲顶级豪华酒店的显赫地位。设计师独具匠心，揉合真实历史史料及以塞维利亚为中心的安达卢西亚文化，同时秉承酒店的独特魅力，将故事娓娓道来。

酒店由西班牙国王阿方索十三世下令建造，于装饰艺术鼎盛时期的 1929 年开业，在当时的“旅游黄金时代”吸引了众多旅客驻足停留。塞维利亚是安达卢西亚文化的中心城市，当地曾被摩尔人统治 500 年，是斗牛与佛朗明哥舞蹈的起源地，也是西班牙家喻户晓的兼男性阳刚与女性神秘魅力于一身的情圣唐璜（Don Juan）的故乡。

The Gallery 从这些独特元素中汲取灵感，细细道出历史故事，保留并发扬了古韵，同时增添了现代的新意，打造出与时俱进的“豪华精选”(Luxury Collection) 酒店。

HBA 团队打造的华贵设计肯定了阿方索十三世酒店给人的第一印象：酒店大堂空间宽敞，楼底特高，铺设图案精致的光滑云石地板；搭配瞩目云石阶梯及浅浮雕装饰的皇冠状天花线板；方格天花板下悬挂着造型典雅的吊灯；高挑的拱廊顶部装饰着华美的壁画。种种元素互相辉映，营造出非凡的气派。The Gallery 精确测量大堂内每个插座的位置，在保留墙壁原貌的基础上，以便清楚重新布置的限制性并制定可能性方案。

酒店翻新后，接待处饰以刻有酒店标志的深红色皮革；缀以产于塞维利亚的巨型彩绘瓷砖 (azulejo)，华丽非凡，其中天蓝色与芥末黄的手绘图案鲜亮夺目赋予大堂内家具焕然一新的感觉。穿过大堂来到景致迷人的庭院空间：经设计团队重新规划，庭院一半用作大堂休息区，另一半则是全天候露天餐厅，环绕着镶满马赛克的精致柱廊。设计团队善用拱廊的自然采光，将由原本在室内的餐厅改为设在明亮的廊道上，别具风情。庭院内的家具可灵活移动，适合举办不同社交活动。风格自然的烟草色藤编材质，及钮扣钉饰座椅与四周的古董陈设非常协调，令宾客沉醉于古色古香的轻松氛围之中。

酒店拥有众多各具特色的餐饮场地："美式酒吧"重新演绎装饰艺术风格，光漆墙身搭配灰蓝绿色丝质织布，并垂吊着光亮金色的装饰，漆成鲜亮蓝色的巨大镜框及以抛光铜与檀木制成的吧台与之相映成趣。相对而言，摩尔风格的"阿方索酒吧"则散发出浓郁的塞维利亚古典韵味，以传统深色为主调的酒吧铺上以铁钉牢固的陈旧橡木板，墙上悬挂着国王阿方索十三世的巨幅画像，他似乎静静注视着酒吧内发生的一切。

宾客亦可在全新"泰法斯餐厅暨酒吧"体验闲适的摩尔风情，于塞维利亚花园中心池畔休闲放松。餐厅位置独立于酒店主楼，令 The Gallery 得以尽情挥洒创意，将原本平淡无奇的实用性空间打造为时尚场所：餐厅设有意大利卡拉拉云石面的吧台，后面摆放了古董厚实原木及铜质酒柜，柜门表面饰以花纹华丽的石膏方格。餐厅内的背光摩尔式雕刻屏风营造出颇为私密的用餐氛围，而低矮座位与绣花椅垫灵活划出室内和室外的用餐空间。天花板饰悬挂着手绘彩瓦及由当地铁匠打造的缤纷灯饰，使洁净纯白的空间充盈着活力。

活动场所方面，鉴于塞维利亚法律规定午夜后公共场所不可播放音乐，设计师将酒店原本作后勤用途的地下层改造成为会议室，派对可以延续至凌晨。会议室采用亚麻布料墙面、粗犷橡木地板以及嵌入木制品的深红色皮革装饰，散发出精致奢华气息，毫不逊色于酒店其他宴会厅与会议空间。地面层原有的健身中心安装大型玻璃窗后，空间感大为提升，青葱繁茂的园林美景便可尽收眼底。健身中心还增设了瑜伽花园，及铺设摩尔图案“zellige”瓷砖的桑拿房。

至于客房方面，三种迥然风格的设计分别融入塞维利亚最重要的摩尔、安达卢西亚以及卡斯蒂利亚三种文化：“摩尔式客房”采用复杂精细的古典装饰线条，摆放时尚新潮的家具及各种造型优美的摆设；“安达卢西亚客房”从佛朗明哥舞蹈中汲取灵感，天花线雕刻的柔美曲线令人不禁浮想起舞裙的摇曳风姿，明艳而具有动感，并搭配细碎花纹的纺织面料的华丽皮革床头板，整体装饰女性魅力十足；“卡斯蒂利亚客房”则散发如同斗牛士在竞技场上挥舞斗篷奋战时的阳刚之气，客房采用深赭石色为主调，在其他鲜亮色彩和深色木质家具，如精心雕刻的床头板的映衬下显得更为迷人。房间缀以用笔大胆奔放的画布，更营造出强烈的戏剧感。

The Gallery 将皇家套房想象为国王阿方索十三世下榻的尊贵住所，从酒店私人藏品中挑选的精美画像与艺术品，重现当年国王莅临酒店时的盛况。珍贵古董与奢华时尚设施相映成趣，例如覆有手工烫金皮革的电视柜，以及主卧室内铺设顺滑巧手刺绣的四柱大床。

Reales Alcázares套房可眺望邻近皇宫庭园的绝美景致。木炭色墙壁为起居室赋予一丝神秘魅惑的氛围，而娇媚的中国风图案则与室外绿意盎然的环境相映成趣。主卧室内饰以厚重的深色调天鹅绒窗帘，搭配精致铁艺家具，而副卧室则采用引人注目的红色窗帘。

The Gallery及HBA伦敦负责人Inge Moore在总结设计团队的体验时表示："能够为享誉盛名的阿方索十三世酒店重新装修，既是一项艰巨的挑战，同时也是难得的机会，这座酒店本身就是极具观赏价值的地标建筑，我们很高兴有机会为这座具有独特魅力的珍贵物业锦上添花。我们深入了解了塞维利亚的文化风情，从中解读出其浓厚的历史底蕴，进行全新演绎并融入设计之中，为宾客带来彷佛穿越时空的历史感，让他们探索热情洋溢的安达卢西亚文化，并同时享受各种现代顶尖设施的便利。"

海得拉巴柏悦酒店

Park Hyatt Hotel Hyderabad

项目提供：HBA 酒店顾问有限公司

项目地点：印度

项目面积：16000 平方米

海得拉巴柏悦酒店是第一家位于印度城市的柏悦酒店，是这座新兴目的地城市极致豪华享受的象征。HBA 的设计不仅融合了印度本土文化与当地装饰材料，同时还锐意创新。具有浓厚印度特色的用色、图案及布料在酒店内随处可见。印度纱丽的丝质材料及明媚色调，渗透到酒店设计的各个角落。

海得拉巴柏悦酒店有八层，富有现代气息。富丽堂皇的酒店大堂内，在潺潺流水和苍翠绿叶的环抱下，由 John Portman 打造、高达 35 英呎的抽象派洁白雕像巍然矗立。

海得拉巴柏悦酒店所有餐厅均装潢雅致，充满现代气息，酒店的星级餐厅 Tre-Forni 采用柔和的茶色色调，饰有深色抛光硬木地板以及手工雕刻的意大利瓷砖。

至于正式的 Dining Room 则提供传统印度菜式，亦备有轻怡味美的海得拉巴菜，以及受欢迎的经典欧洲菜。

酒店提供凯悦独特的住宅式多功能设施 "The Meeting Residence"，在印度独树一帜。酒店的会议场所舒适灵活，可容纳大小团体举办各类活动，其温馨亲切的氛围能为宾客带来宾至如归的感受。

广州天河新天希尔顿酒店

Guangzhou Tianhe Hilton Hotel

设计单位：CityGroup 城市组设计有限公司

项目地点：广州市

项目面积：60000 平方米

奢华而别具特色的广州天河新天希尔顿酒店于2011年8月19日正式开业，为中国第三大城市和南方制造业中心的广州又增添了一座新当代风格的地标性建筑。

地处广州的中心商务区，酒店闪耀的玻璃外墙融合了酒店特别设计的婚礼礼盒的外观，并赋予了诗意的名字－“天作之合”。

广州天河新天希尔顿酒店是距离广州东站最近的国际5星级酒店。酒店的交通极尽便利，方便前往市区各处热门购物及娱乐中心。

广州天河新天希尔顿酒店共有504间装饰极具现代感、宽敞豪华的客房与套房，为顾客提供一个轻松舒适的入住体验。酒店的大堂装饰非凡，包括一面黄金雕塑墙面和LED灯墙，这为酒店奠定了清新当代的风格，将其与传统的豪华酒店巧妙区别开来。

房间里全景落地玻璃窗更可让宾客饱览城市的华丽景致。

顾客可尽情享用酒店提供的无线上网，高清液晶电视，DVD 家庭影院以及各种最新的影音娱乐设备，惬意享受酒店营造的舒服氛围。

除了舒适豪华的房间与设备，客房采用希尔顿订制的 Serenity Bed，搭配豪华床上用品，包括舒达床垫和床架、柔软羽绒床褥、羽绒被、羽绒枕以及特制装饰床尾巾。

酒店设有 28 间标准客房，面积从 43 到 53 平方米不等的豪华客房 354 间，以及 2 间无障碍客房。

90 间面积 38 至 53 平方米的行政客房设有通往行政楼层的特别通道，提供免费精美欧陆式早餐，全天候的休闲小食和鸡尾酒会冷盘。

除了享有通往行政楼层的通道，15 间 89 平方米普通套房还设有迎宾区，14 套 94 平方米的景观套房则可欣赏天河中心商务区及广州的华美景色，而总面积达 501 平方米的总统套房——广州市国际级酒店中最大套房——设有两间卧室、客厅、用餐区和设备齐全的厨房。

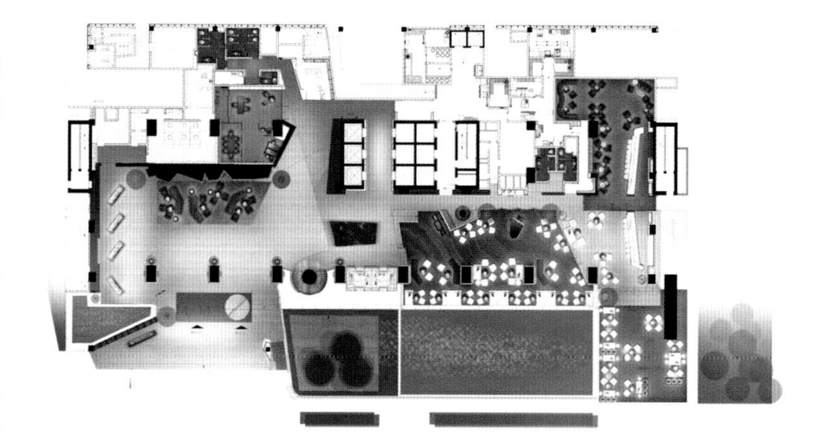

一层平面布置图

Hilton

Hilton

Hilton

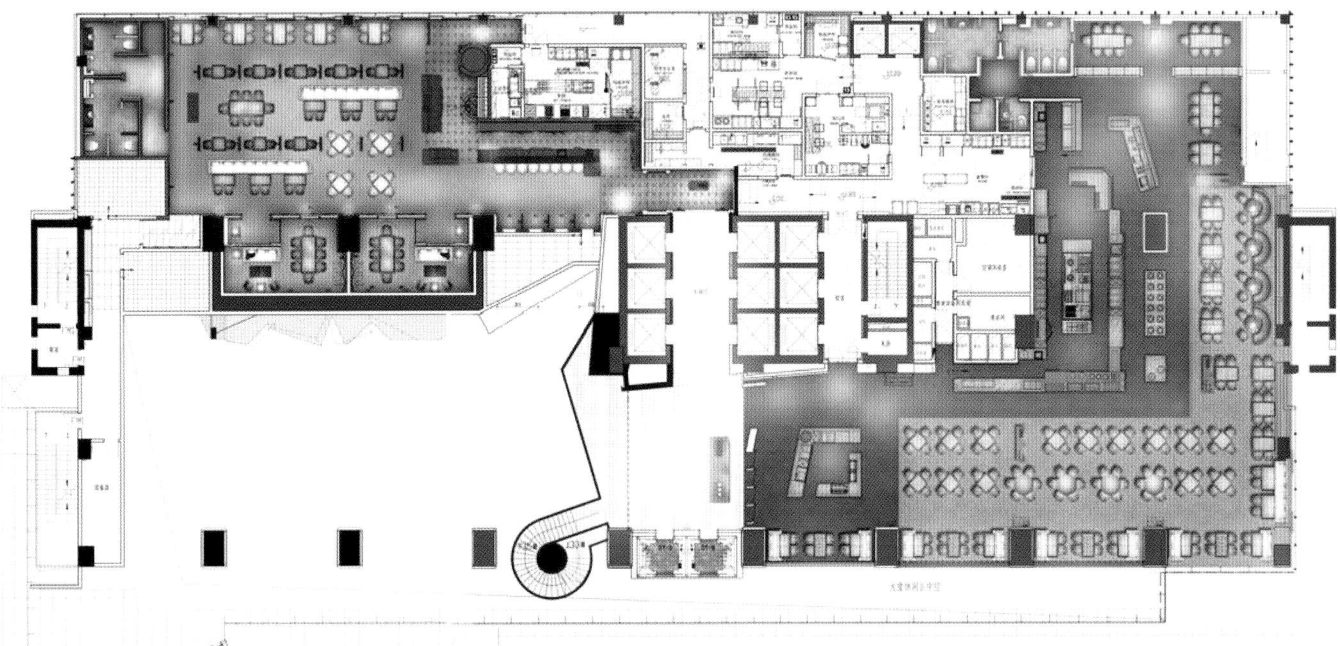

二层平面布置图

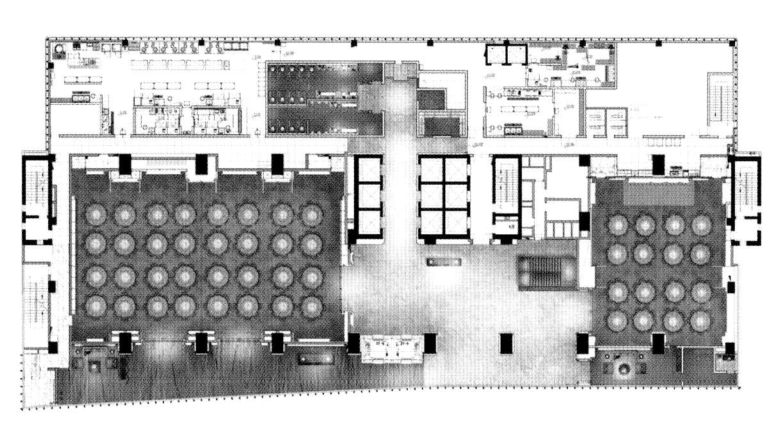

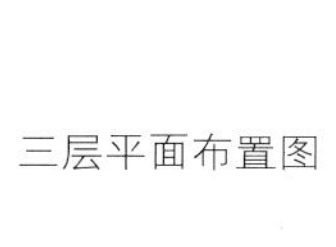

三层平面布置图

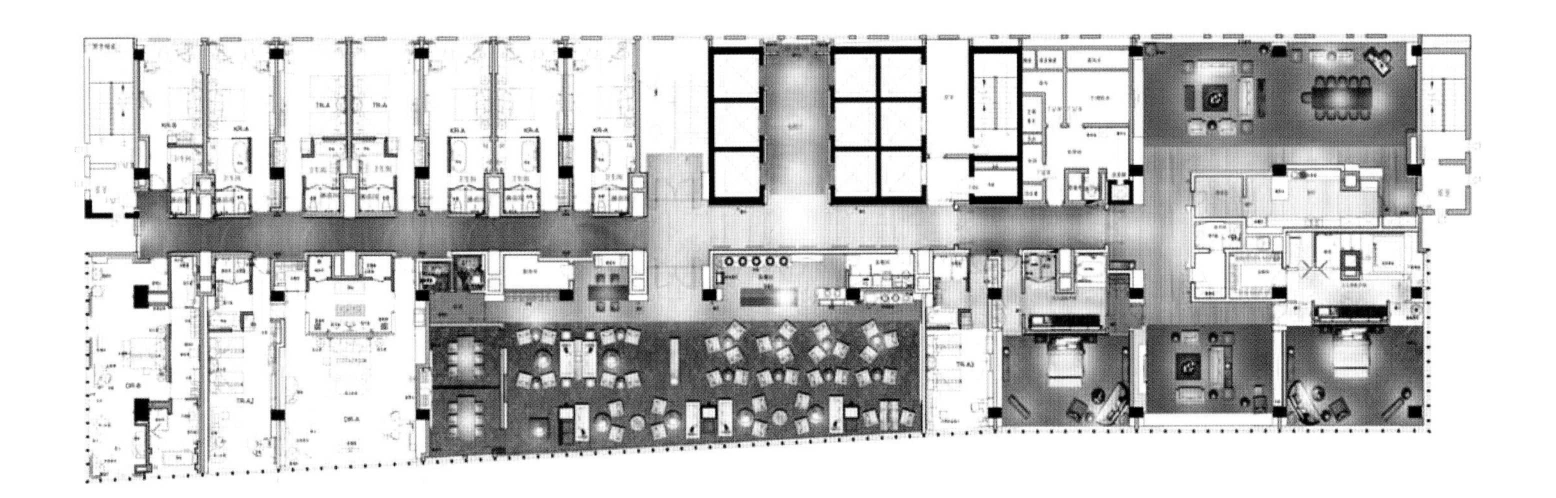

二十四层平面布置图

静安香格里拉大酒店

Jingan Shangri-La Le Grand Large Hotel

项目提供：香格里拉酒店集团

项目地点：上海静安区

项目面积：450000 平方米

上海静安香格里拉大酒店地处浦西中心地段，设计风格摩登精致，映衬了上海这座活力都市的过去、现在及未来。

酒店拥有 508 间客房，位于总建筑面积达 45 万平方米的静安嘉里中心内。自 1993 年起，香港嘉里集团开始收购整合静安嘉里中心所属地块，并致力将其打造成结合高端及多功能性的综合商业体。其中，静安香格里拉大酒店更融入了香格里拉酒店集团的全新设计理念。

香格里拉酒店以丰富、典雅的 水晶灯而闻名遐迩。静安香格里拉大酒店则完美延续了这一传统，并巧妙的运用到极致。酒店的装点　使用了超过四百万颗的水晶。从入口处的流线型水晶屋顶，到布满水晶 幕帘的前台和大堂酒廊，无不散发着璀璨的光芒。

被加工成雕刻品的水晶同样不胜枚举。水晶镂空云朵漂浮于宴会与会议中心的通道顶端，引导宾客搭乘扶梯抵达位于 5 楼的静安大宴会厅。总面积达 1,743 平方米的大宴会厅宏伟大气，堪为浦西之最。高达 10 米的层顶布满闪烁光棒、水晶隔板以及连绵漂浮的“水晶云朵”。

艺术品是香格里拉酒店不可或缺的一部分，静安香格里拉更不例外。酒店特邀两位中国当代艺术大师为酒店量身创作了数幅艺术珍品。当客人抵店后，一幅长 5.9 米、高 2.9 米，由曾梵志先生创作的油彩画便映入眼帘。而出自周春芽先生经由豫园五景启发的五幅画作也陈列在酒店中。

除此之外，静安香格里拉共收集多达 207 件艺术品，分别来自 4 大洲 12 个国家的 50 位艺术家，其中 14 位来自中国。艺术品类型分别有雕塑、画作、剪纸、摄影、纺织艺术和专为静安香格里拉大酒店所制作的装饰物品。每件作品都在形神虚实中渗透着中国博大精深的文化。

酒店公共区域和走廊所铺设的丝质地毯均为手工完成，其设计也与画作图案相呼应。内容由传统水彩画、莲花、鱼类和五彩花卉所启发，极富诗情画意。

酒店拥有 4 个餐厅与酒吧。上海海派文化与国际都市魅力在此汇聚交融，为宾客带来多元的感官体验。其中夏宫中餐厅内的陈设、艺术品、配饰均取自传统国画题材——孔雀，而橙色、绿色和蓝色基调加以金黄斑点与之润饰，浑然一体，妙趣横生。

夏宫中餐厅将区域巧妙地划分为现代时尚的三个空间，别致高雅的用餐环境给宾客带来截然不同的美食体验。

1515 牛排馆酒吧将老上海电影与经典美式牛排馆风格融合在一起。餐厅精选各类牛肉，辅以美式甜点和特色酒品，为宾客创造出餐饮新概念。

全日制餐厅两咖啡的首层提供焕然一新的半自助用餐方式，由鲜绿、橙黄和褐色构成的色调靓丽明快。沿旋转楼梯而上至二楼，是日式餐厅，主要提供和风料理。客人们在享受用餐之余，还能欣赏到花园、喷泉及 3,000 平方米中庭露天广场景观。

与两咖啡两两相望的是一幢位于中庭“城市广场”内的两层独立餐厅。这间即将开业的餐厅，结合地中海菜系及葡萄酒酒吧的概念，由玻璃构成，竹林环绕。休闲别致的餐饮概念将为宾客带来别具一格的感官盛宴。该餐厅是由世界知名的建筑师坂茂先生所设计完成。

酒店建筑共 60 层，客房位于 30 至 59 层。从每间客房的落地窗远眺，可从不同角度欣赏上海瑰丽无限的城市景色。整体色调富有当代气息，重点突出银白的设计风格，并配以暖色调的红木镶板。每间客房浴室内都配备大理石地暖、丝光玻璃、挂壁式双面镜、单体浴缸和独立淋浴。墙上镶有精巧别致的壁砖，与其他元素相得益彰。客人在此可以充分享受到奢华的私人空间，体验宾至如归的惬意。

Campaillette
DES CHAMPS

三亚美高梅度假酒店

MGM Grand Sanya Resort Hotel

项目提供：美高梅酒店集团

项目地点：海南三亚亚龙湾

项目面积：30000 平方米

三亚美高梅度假酒店位于海南三亚亚龙湾。亚龙湾是享有“天下第一湾”美称的国际热带海滨风景旅游区。三亚美高梅度假酒店共拥有 675 间创意设计客房，包括 596 间风格迥异标准间、73 间套房及 6 座高级海滩别墅，酒店不仅强化了美高梅品牌于中国市场的阵容及影响力，更为富有“东方夏威夷”美誉的海南注入一剂“新锐时尚、热辣惊艳、私密奢华”的度假新元素。

观海别墅：三亚美高梅拥有 6 间独一无二的别墅，别墅平均面积为 280 平方米。绝佳私密空间，直面私家海滩，私人泳池，私人管家服务给你最华丽的别墅体验。无懈可击的室内设计，最精致舒适的床品，奢华的设备以及独特风格彰显非同凡响的体验。

总统海景套房：所谓奢华在此达到极致，总统海景套房拥有 132 至 165 平米的超大活动空间，是三亚美高梅最大面积的套房之一。在这里，享受奢华、体贴的设计和无与伦比的亚龙湾风景，无以言谕的体验只在三亚美高梅。

会议及宴会：三亚美高梅度假酒店荣获 2012 年度中国旅游业界“最佳新开业会议度假酒店”。三亚美高梅度假酒店拥有亚龙湾最大会议场地面积，总占地面积达 4,000 平方米。场地包含室内会议厅，2,000 平方米户外草坪及适合不同形式活动的 T 型台泳池。

婚礼：举办一场隽永难忘的最美沙滩婚礼尽在三亚美高梅度假酒店。以天地为鉴，典藏心跳、恒久的记忆。我们的婚礼策划师考虑周全，提供最细致婚礼策划服务。

　　滟水疗：滟的中文名强调水的能量，使心境得到悠然放松，身心焕然一新。整个水疗空间设计以低调的中国红灯笼为基调，灵感源自于上海 30 年代的摩登与优雅，又投射那个车水马龙年代的勃勃生机。体现在滟水疗里，就是其独有的互动体验式护理概念：每个护理空间各具特色，看似相互独立却又相互连接，并有公共空间可供宾客遐想与交流。

三亚亚龙湾瑞吉度假酒店

The St. Regis Sanya Yalong Bay Resort

项目提供：瑞吉度假酒店

项目地点：海南三亚亚龙湾

项目面积：36000 平方米

三亚亚龙湾瑞吉度假酒店全新定义极致奢华概念，成为目前三亚唯一可驾乘游艇抵达酒店大堂下的酒店。

然而在今天，在天之涯海之角的相守之地，在亚龙湾最后一片奢华宁静所在，三亚亚龙湾瑞吉度假酒店为您打造的是一片逸享天地的奢享空间。150 余国际标准游艇泊位，游艇可直接驶入停泊在大堂下，轻松入住瑞吉酒店。28 栋海边泳池别墅，独享 800 米至美海岸。24 小时瑞吉管家服务，量身定制的尊贵礼遇。院线级瑞吉私人影院，别样的海滨假日独特观影体验。

三亚亚龙湾瑞吉度假酒店选址于亚龙湾绵延海岸线上风景最为秀丽、是亚龙湾最后一片蔚蓝私密海域。 373 间精心设计的客房和套房，以及 28 套配置豪华的超大海景别墅。酒店风格现代的建筑设计灵感来源于两条互相缠绕的龙，而在度假酒店的点滴建筑细节中不时呈现的起伏波澜元素正呼应了这一设计理念。

铭轩
MING XUAN

上海瑞金洲际酒店

Shanghai InterContinental Hotel Ruijin

项目提供：洲际酒店管理公司

项目地点：上海

项目面积：36000 平方米

酒店的客房分布在风格迥异的洲际贵宾楼与主楼中，大理石样式地坪、方格天花板、精致硬木画板等设计细节无不令洲际贵宾楼重现了 20 世纪 30 年代时期老上海的雍容华贵。酒店大堂深处的大幅定制壁画描绘着 20 世纪早期的上海城街景。

沿着洲际贵宾楼大堂踱步入内，一间彰显浓郁老上海风情的电影图书馆展现眼前。复古壁炉前陈列的影视剧照诉说着古往今来曾在酒店中取景拍摄的 40 余部影视佳作。您也可以在这座风格鲜明的图书馆或会客或休憩。一旁的行政酒廊则能提供品种繁多的早餐、下午茶及鸡尾酒选择。

贵宾楼80间崭新舒适的高品质客房，其中包括10间西洋风格套房，36间带有阳台或露台的客房览尽园中茵郁花木与湛蓝喷泉。房内选用色调深沉的紫檀木，精致水晶吊灯透射缕缕柔光。浴室采用了美观方便的双台盆设计。

主楼在设计上完美糅合了老上海的摩登风情与清冽简约的当代艺术设计之风。挑高九层楼的椭圆形开阔中庭悬挂着两座各重1.5吨的巨型水晶吊灯，如此恢弘壮丽的大堂设计令人过目难忘。客房采光明亮，鸽蓝色的主色调佐以上海在地艺术家居风格呈现出庭院式的浪漫风情。

深圳东海朗廷酒店

Shenzhen Donghai The Langham London Hotel

项目提供：深圳东海朗廷酒店管理公司

项目地点：深圳福田区

项目面积：18000 平方米

本案位于深圳最繁华的商业中心 – 福田区，酒店为客人带来瑰丽奢华、别致典雅的尊贵享受。

深圳东海朗廷酒店 352 间典雅的客房及套房，完美的融合了现代设施与当代设计，兼具恒久不变的典雅高贵。置身于静谧优雅的私人空间内，宾客可以暂且忘却生活的烦扰，尽情体验朗廷的迷人风格和传统英式豪华享受。

“川”水疗中心

“川”寓意生生不息的流水，而“川”水疗中心则是重塑身心健康的泉源。“川”水疗中心以传统中医学的理念为基础，提供各种健康美容疗程和护理。

朗廷会

豪华双层的朗廷会是深圳东海朗廷酒店的瑰丽珍宝，灵感源自维多利亚时代的私人俱乐部，为宾客们提供一处宁静的世外桃源。

会议及宴会

深圳东海朗廷酒店的专业团队为您倾力缔造难以忘怀的隽永回忆。位于酒店三楼的瑰丽宴会厅传承伦敦朗廷酒店奢华典雅之精髓，并配以赏心悦目的水晶吊灯满足您举办不同类型的宴会及活动需求。此外，酒店的空中花园设计别出心裁，是举办时尚鸡尾酒会或社交活动的理想场地。

【欧式典藏】——欧式酒店

编委会成员名单

主　　编：贾　刚

编写成员：贾　刚　蔡进盛　陈大为　陈　刚　陈向明　陈治强
董世雄　冯振勇　朱统菁　桂　州　何思玮　贺　鹏
胡秦玮　王　琳　郭　婧　刘　君　贾　濛　李通宇
姚美慧　李晓娟　刘　丹　张　欣　钱　瑾　翟继祥
王与娟　李艳君　温国兴　曾　勇　黄京娜　罗国华
夏　茜　张　敏　滕德会　周英桂　李伟进　梁怡婷

丛书策划：金堂奖出版中心
特别鸣谢：金堂奖组织委员会

中国林业出版社建筑分社

责任编辑：纪亮 李丝丝
联系电话：010-83143518
出版：中国林业出版社
本册定价：199.00 元（全四册定价：796.00 元）

鸣谢

因稿件繁多内容多样，书中部分作品无法及时联系到作者，请作者通过编辑部与主编联系获取样书，并在此表示感谢。